INTERIOR DESIGN COLLECTION

Office Design

室内设计特集
办 公 设 计

北京大国匠造文化有限公司　编

中国林业出版社
China Forestry Publishing House

图书在版编目（CIP）数据

办公设计 / 北京大国匠造文化有限公司编．-- 北京：中国林业出版社，2017.7
（“室内设计特集”系列）
ISBN 978-7-5038-9152-6

Ⅰ．①办… Ⅱ．①北… Ⅲ．①办公室－室内装饰设计－图集 Ⅳ．①TU243-64

中国版本图书馆 CIP 数据核字 (2017) 第 160438 号

策　划：李有为
制　作：卢海华

中国林业出版社 · 建筑分社
责任编辑：纪　亮　王思源

出　版：中国林业出版社（100009 北京西城区德内大街刘海胡同 7 号）
印　刷：北京利丰雅高长城印刷有限公司
发　行：中国林业出版社
电　话：（010）8314 3518
版　次：2017 年 8 月 第 1 版
印　次：2017 年 8 月 第 1 次
开　本：1/16
印　张：5
字　数：100 千字
定　价：80.00 元

Office
办公空间

猎豹移动全球总部办公大楼
CHEETAH MOBILE GLOBAL HEADQUARTERS OFFICE BUILDING

湖畔山南
RIVERHILL FUND

杭州绿地中央广场1号楼智慧办公
HANGZHOU GREENLAND CENTRAL PLAZA NO.1 BUILDING SMART OFFICE

世联财富办公室
THE WORLD WEALTH OFFICE

YY欢聚时代总部大楼
YY REUNION ERA HEADQUARTERS BUILDING

鸿坤艺术金融办公室
HUNG KUN ART FINANCE OFFICE

简璞设计办公室
JANE PU DESIGN OFFICE

容子木创意空间环境设计—从自然而来
ROSEMOO CREATIVE SPACE ENVIRONMENT DESIGN - COMES FROM NATURE

北京世界城FUNWORK
BEIJING FUNWORK

竞园22号楼改造
PARK 22 BUILDING RENOVATION

猎豹移动全球总部办公大楼
CHEETAH MOBILE GLOBAL HEADQUARTERS OFFICE BUILDING

项目名称_猎豹移动全球总部办公大楼/**主案设计**_罗劲/**参与设计**_张晓亮、杨振洲、程菲、周丹/**项目地点**_北京市朝阳区/**项目面积**_40000平方米/**投资金额**_14000万元

A 项目定位 Design Proposition
办公环境充满了全球化氛围和丰富的地域气质，员工在这里工作随时感受到时代的脉动和世界不同文化间的互动融合。

B 环境风格 Creativity & Aesthetics
猎豹总部大楼集多种商务功能与主题形式于一体，设计充分彰显了当代互联网企业的创意活力和性格特质，诠释探索了新型互联网企业面向未来发展的空间创意模式。

C 空间布局 Space Planning
原建筑为一栋内含三个长方形院落的条式多层办公楼，艾迪尔的设计师们大胆地将原有东西两个院落进行了室内化整合处理，将其打造成贯通三层充满阳光的室内中庭共享空间。

D 设计选材 Materials & Cost Effectiveness
公司楼层的设计突显了功能效率和人文关怀的有机结合。这里开放办公区的家具配饰根据不同形状符号和色彩构成进行了分区，在主通道边的休闲区主要部位配置了轻便的赛格威电动平衡车，员工可以轻松地在开阔的办公环境下相互移动交流，办公区便捷的各式座椅沙发随处可见；高饱和靓丽的色彩和丰富的图形元素以及有趣的墙面涂鸦，打造出一个充满青春创意、有趣又好玩的工作场所；办公楼内既设计了供员工休闲聚会的大型KTV房间，也设计了舒适的医疗室、理发室和按摩室，让员工感到舒适惬意；在各层不同区域的茶水休闲区是分别按照美式、日式、法式等几个主要国家风格主题而设计的，而大大小小二十几个会议室则按照纽约、洛杉矶、芝加哥、伦敦等主要欧美城市的地域特征进行了配饰处理。

E 使用效果 Fidelity to Client
改造后的整体办公空间既是创意的工作场所又是疯狂的交往乐园，既融入了时下创业年轻人需求的移动办公和协作空间，又展现了花园式办公带来的绿色生态景观和地域文化风貌，促进了公司内部的沟通融合也同时增强了员工的凝聚力和归属感。

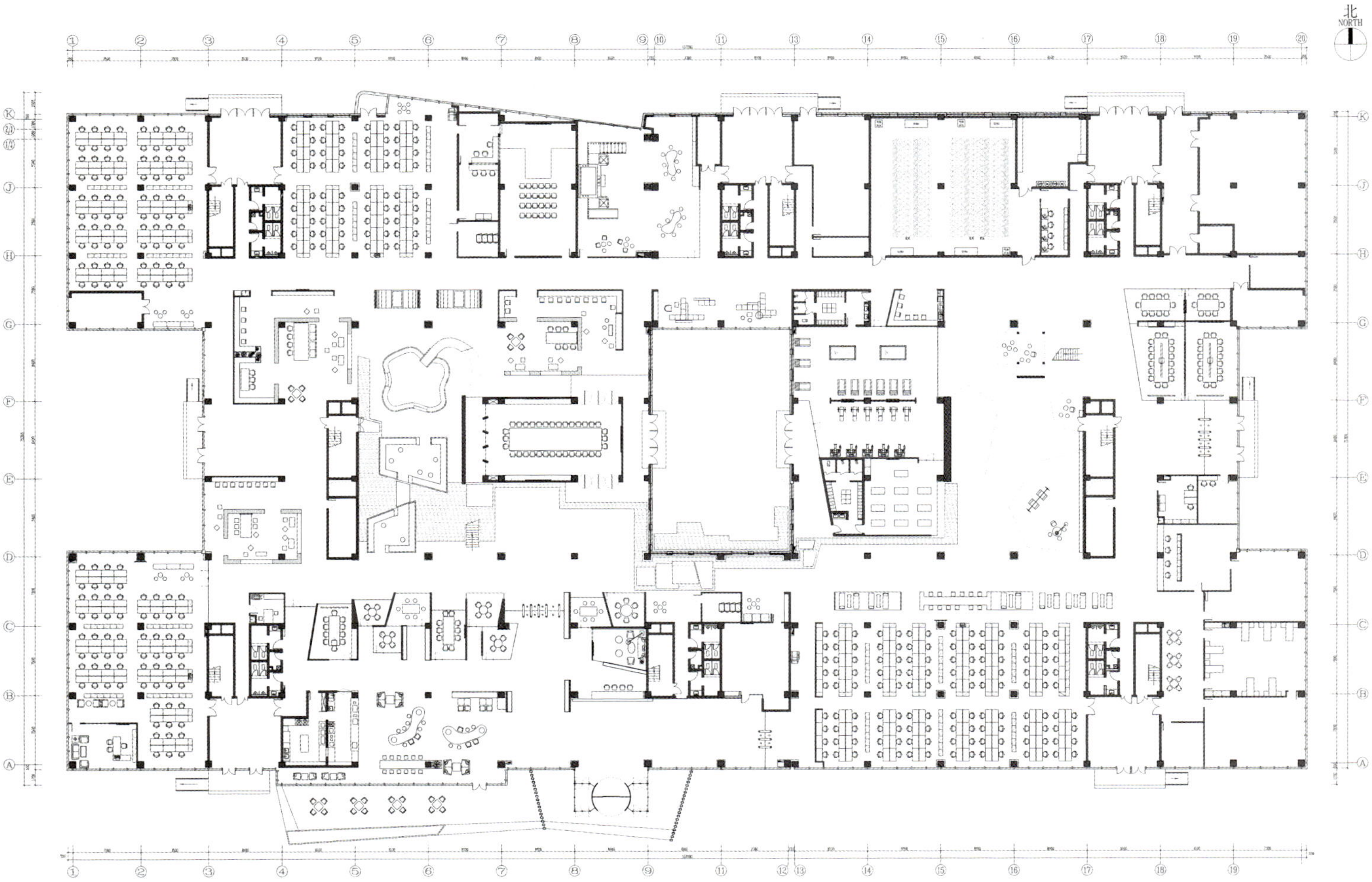

一层平面图

湖畔山南
RIVERHILL FUND

项目名称 _ *湖畔山南* / **主案设计** _ *孙洪涛* / **参与设计** _ *郑水芳* / **项目地点** _ *浙江省杭州市* / **项目面积** _*400 平方米* / **投资金额** _*150 万元* / **主要材料** _ *青砖、旧木头等*

A 项目定位 Design Proposition

本案设计初衷就是让建筑、景观、室内设计融入自然，而这种设计理念就来源于这个项目所处的背山面水非常自然的环境，来源于项目本身应有的气质。

B 环境风格 Creativity & Aesthetics

“湖畔山南”既是投资公司的名字同时也刚好与它项目所在地的自然条件相吻合，建筑所处的环境也是湖畔、山南，前有湖后有玉皇山，推开门窗就可以直接与自然亲近，因此我们在建筑改造设计时把所有门窗全部做最大化改造，将自然景观直接引入室内。

C 空间布局 Space Planning

在室内设计时也尽量做到“自然生长”，保留了原建筑的中式屋顶及梁架结构，只是在灯光上做了重新梳理，添加的主材也全部采用有历史感的青砖、旧木头等，让室内空间尽量减少装修的痕迹。

D 设计选材 Materials & Cost Effectiveness

保留了原建筑的中式屋顶及梁架结构，只是在灯光上做了重新梳理，添加的主材也全部采用有历史感的青砖、旧木头等，让室内空间尽量减少装修的痕迹。

E 使用效果 Fidelity to Client

在建筑改造设计时把所有门窗全部做最大化改造，原始的窗洞给人压抑，视觉受到局限性，反之将其做成落地门窗形式使得空间明亮通透，将自然景观直接引入室内。

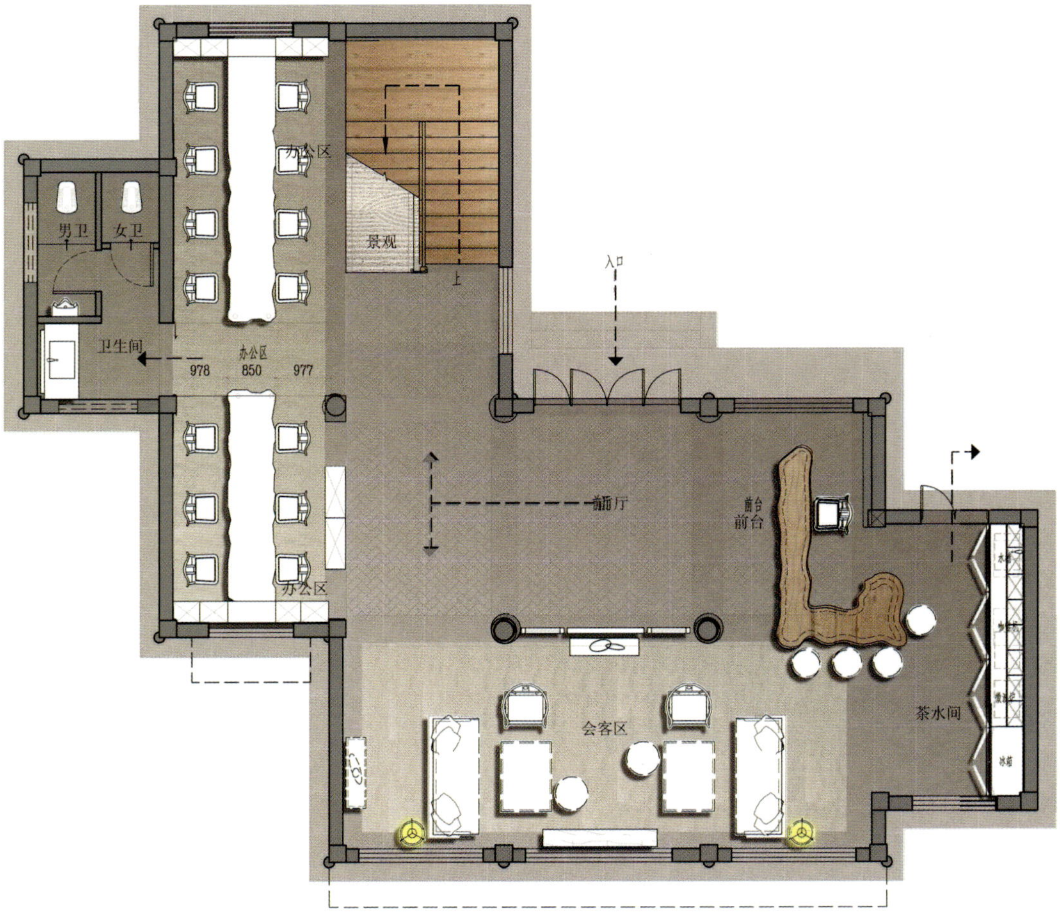

一层平面图

杭州绿地中央广场 1号楼智慧办公

HANGZHOU GREENLAND CENTRAL PLAZA NO.1 BUILDING SMART OFFICE

项目名称 _ *杭州绿地中央广场 1 号楼智慧办公* / **主案设计** _ *张力* / **参与设计** _ *吴紫燕* / **项目地点** _ *浙江省杭州市* / **项目面积** _ *1190 平方米* / **投资金额** _ *500 万元* / **主要材料** _ *铝板、玻璃、墙纸*

A 项目定位 Design Proposition

这是一处位于办公大楼中带有服务、租赁性质的办公空间，拥有 1190 平方米的室内面积。设计任务是建造一个涵盖多功能、多空间，低调奢华而又不失现代时尚感的办公环境。

B 环境风格 Creativity & Aesthetics

踏入接待区，映入眼帘的就是呈飘带状的冲孔铝板，融合着 LED 灯光，给人一种时光的穿梭感。穿过接待区，天花、墙面、地面形成多条弧线纷纷引导着空间的动线，这些弧线让本来中规中矩的空间也赋有了些许灵动。

C 空间布局 Space Planning

源于建筑的特有性，平面布局我们以电梯厅为中心，设置了游走全空间的回型通道，简单的动线使空间利用率最大化。

D 设计选材 Materials & Cost Effectiveness

空间以白色、灰色为基调，同时呈现铝板、玻璃、墙纸三种不同的质感，丰富了空间的层次感。书吧区域那一抹绿色增加了空间的生机和活力，营造了一个愉悦的工作环境。

E 使用效果 Fidelity to Client

该项目最吸引人的地方就在于可以向周围的办公人士提供不同的办公需求。在这里，你可以租赁单人办公区、私人办公室、多人办公室、会议室、企业展示区和企业服务窗口。除了租赁的空间，这里还向办公人士提供了书吧、咖啡吧、健康小屋，让人在办公休闲时间可以好好地放松心灵。

绿地集团
世界500强企业
智慧绿地
绿地 企业服务平台|杭州
GREENLAND GROUP ENTERPRISE SERVICE PLATFORM

绿地集团
智慧绿地
绿地 企业服务平台|杭州

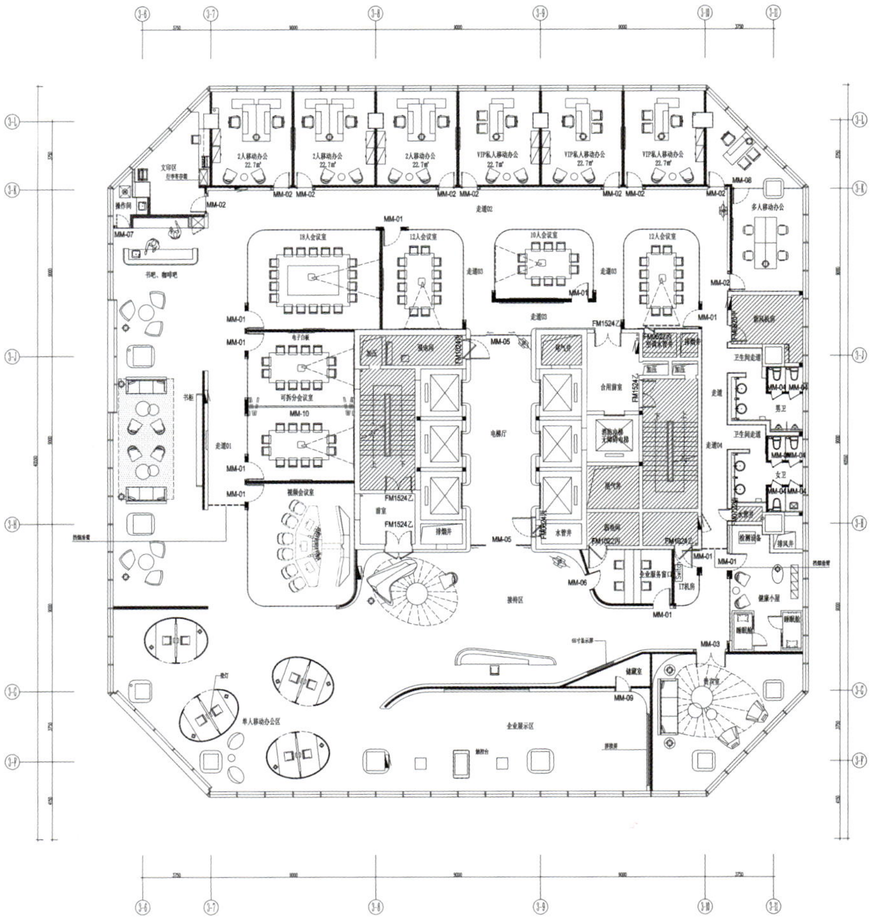

平面图

世联财富办公室
THE WORLD WEALTH OFFICE

项目名称 _ 世联财富办公室 / **主案设计** _ 杜柏均 / **参与设计** _ 王稚云、季丹 / **项目地点** _ 上海市浦东新区 / **项目面积** _180 平方米 / **投资金额** _600000 万元 / **主要材料** _ 漆等

A 项目定位 Design Proposition

设计师杜柏均用耐火板、烤漆玻璃这样低调的材料，营造出了未来感满满的办公室，向我们表达了一种设计的心声：朴素的材料通过不同的设计手法和平面布局，一样可以做到震撼心灵的设计美。

B 环境风格 Creativity & Aesthetics

从平面上看，一个完整的“8”字形吊顶从玄关流水线般地延伸到了室内的小型洽谈区。整个玄关空间采用了博物馆场景的视觉效果。玄关主背景墙采用两种不同材质的弧形线条交织在一起，很好地化解了墙面的棱角。

C 空间布局 Space Planning

小型的洽谈室用玻璃把它打开，这样，这里不仅是工作区域，也可以偶尔用来吃个工作简餐。最重要的是，这里其实也是玄关的一部分，从天花板吊顶的连贯性上来看，它已经和玄关不分彼此了，这里就是企业的“宇宙中心”，暗示着企业的事业从这里发散开来。一道用电浆玻璃分割的墙面让会议室有种魔术般的效果。开会的时候，电浆玻璃打开就是完全封闭的空间；不开会的时候，电浆玻璃封闭就是一个明亮的空间。员工的办公区域则是用一个高柜来营造幽默感，上面的柜体用钢架支撑，幽默点出现在中间部分，一个斜的平行四边形的连接件采用独特的斜边，据说是为了印证董事长关于“社会变化莫测，做人务必不要自大”的人生格言。

D 设计选材 Materials & Cost Effectiveness

整个设计中黑白两色是主调，玄关部分主黑，办公区域则主白，但两者又在其中穿插着彼此的色彩，很好地诠释了平衡之美。另外设计师在吊顶的部分尽量维持了原有物业的状态，没有过多的装饰，只是整体喷上了黑色的漆，流露出工业风的味道。

E 使用效果 Fidelity to Client

纵观整套案例，之所以说设计的伟大，不是在乎材料的昂贵，而是在于设计师的用心，想业主之所想，才是最好的设计“未来”。

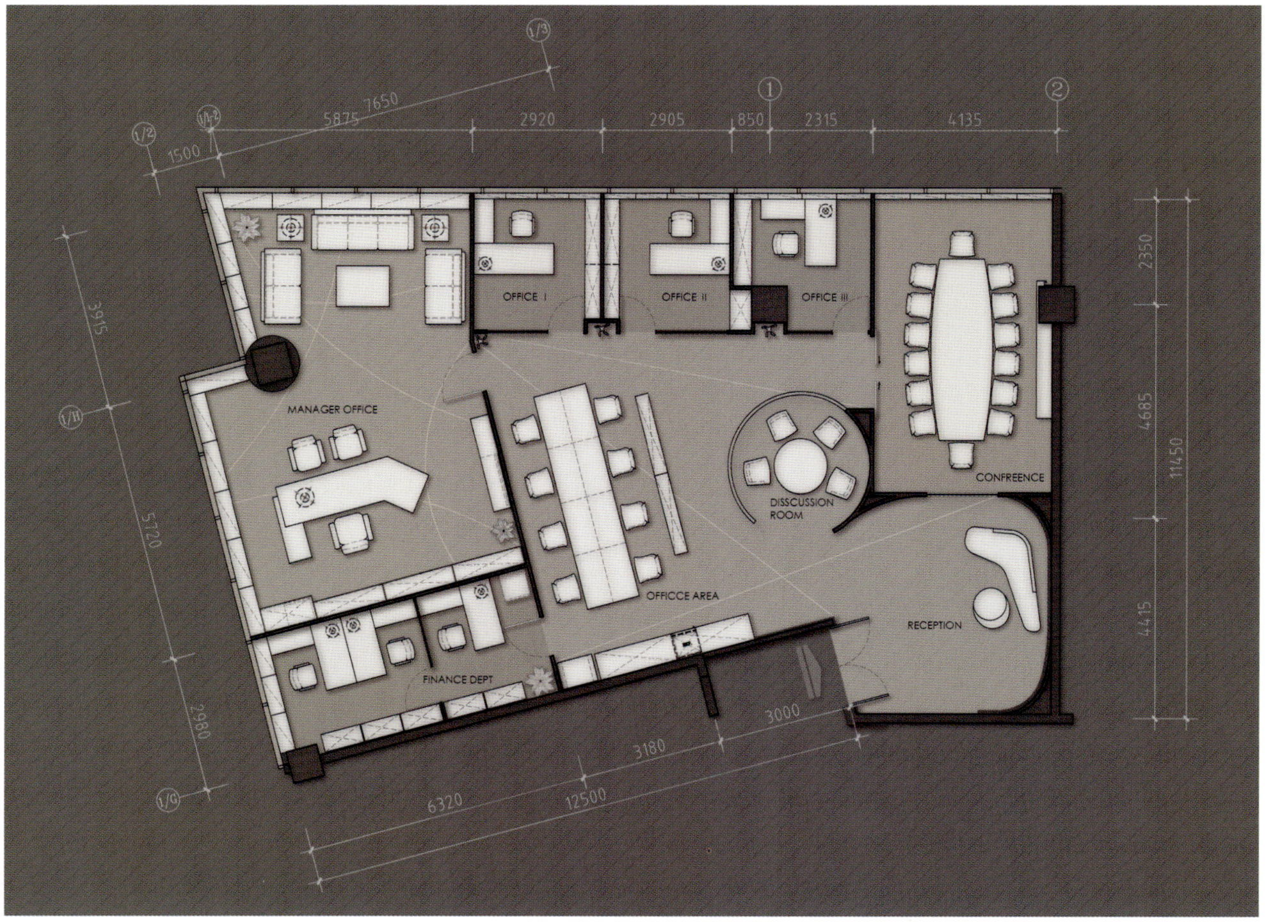

5875
7650
1500
2920
2905
850
2315
4135
OFFICE I
OFFICE II
OFFICE III
MANAGER OFFICE
DISSCUSSION ROOM
CONFREENCE
RECEPTION
OFFICCE AREA
FINANCE DEPT
3915
5720
2980
2350
4685
11450
4415
3000
3180
6320
12500

办公室平面图

YY 欢聚时代总部大楼

YY REUNION ERA HEADQUARTERS BUILDING

项目名称 _YY 欢聚时代总部大楼 / **主案设计** _ 覃思 / **参与设计** _ 杨光发、周彬、段志向 / **项目地点** _ 广东省广州市 / **项目面积** _30000 平方米 / **投资金额** _5000 万元 / **主要材料** _ 铝单板、钢化玻璃、GRG 玻璃纤维加强石膏板

A 项目定位 Design Proposition

位置所在番禺大道北 CBD 商务区，办公楼层 23 ~ 39 层，办公面积 30000 平方米，东临长隆度假区，北处珠江新城，具有极佳的观景角度。办公楼基础设施配备完善，集中了经济、科技和文化力量，同时具备服务、展览、咨询等多种功能，是一座现代化甲级办公楼。

B 环境风格 Creativity & Aesthetics

围绕欢聚、沟通、家居味、人文化的主题，将 YY 欢聚时代办公楼打造成现代化、科技化、家居化的办工场所，让前来参观的客户及员工领受家的感觉。

C 空间布局 Space Planning

以“欢聚、大客厅”为设计理念，以崭新的手法为员工打造亲和、舒适、自在的空间，将每一寸空间都充分利用，使每个空间都具有功能性，简洁的线条，打造出理性的空间，绚丽的灯光，照应出科幻的色彩，打造出具有独特品牌形象的办公空间。

D 设计选材 Materials & Cost Effectiveness

标准层选用硬朗的铝单板和通透的钢化玻璃作为主要的材料，营造一种现代化、科技化的办公氛围。接待层选用当今市面上最为流行的材料之一（GRG 玻璃纤维加强石膏板）作为主要的材料，在门厅部分选用 GRG 叠级树造型，将人带入一种现代化的科技国度，室内家居式的设计及家居布置，让前来参观的客户及员工感受家的感觉。

E 使用效果 Fidelity to Client

以简洁的手法，明亮的手法，家的味道设计，员工可在这里惬意地洽谈，轻松地工作，开放的休闲空间让工作变得不再死板。

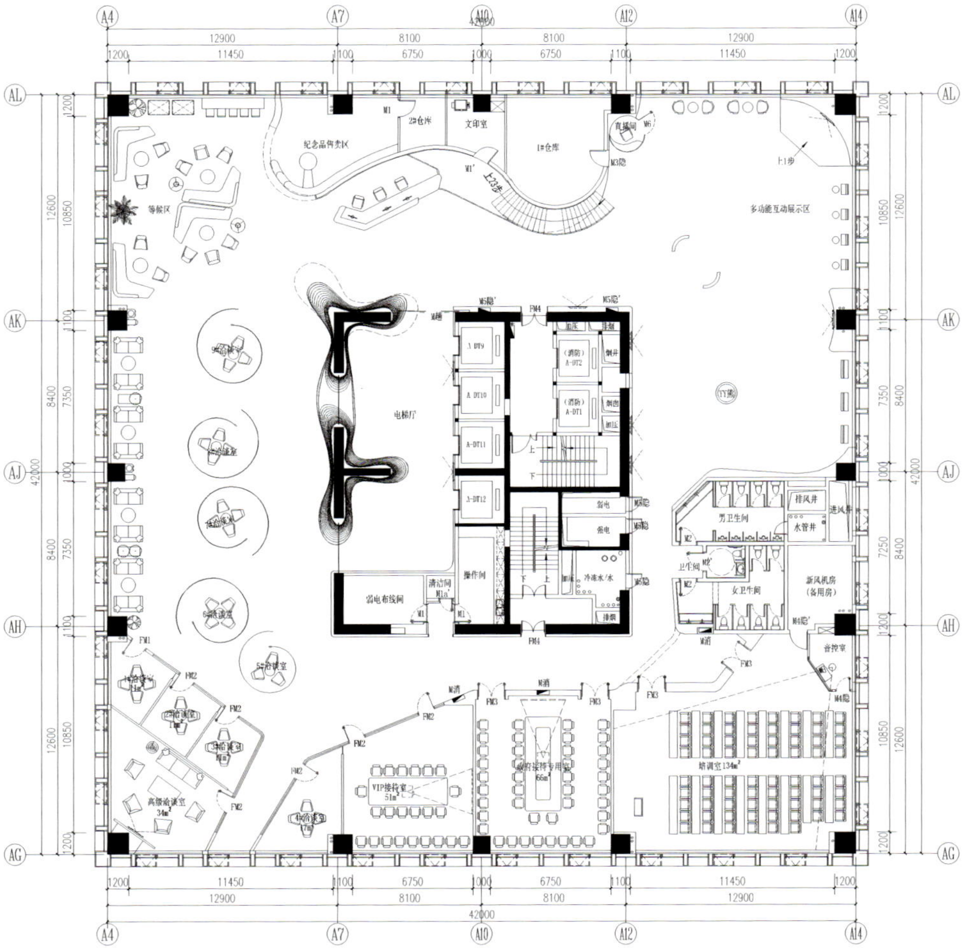

28 层平面图

2801
洽谈室
Conference Room

洽谈室
Conference Room

2806
洽谈室
Conference Room

鸿坤艺术金融办公室
HUNG KUN ART FINANCE OFFICE

项目名称 _ 鸿坤艺术金融办公室 / **主案设计** _ 孙大勇 / **参与设计** _Penda 团队 / **项目地点** _ 北京市 / **项目面积** _171 平方米 / **投资金额** _200 万元 / **主要材料** _ 镜子

A 项目定位 Design Proposition

设计语言延续了鸿坤美术馆的拱的语汇，鸿坤金融馆是鸿坤美术馆的延续。它近临美术馆，同时也是美术馆社会功能的延伸。设计语言也延续了美术馆拱的语汇。但是金融空间的结构面临新的问题，比如首层面积有限和地下空间比较封闭。所以设计在入口处打通了楼板，使自然光直接照亮地下空间。同时设计的大台阶可以把人流引入地下空间，也可兼做报告厅使用。中央的核心是由拱和镜子构成的多维度体验空间，仰望如同走进了埃舍尔的矛盾空间之中。身体在空间中多次反射，意识也游离于有限与无限之中，这也是空间中最大的特点所在。圆形的开孔使人可以从不同角度欣赏这个空间的魅力，背后是一个禅静的茶室。看与被看成为人与空间最深的意味。如同艺术之与生活一样，人游走于画境同时也游走于自己的内心。

B 环境风格 Creativity & Aesthetics

多维度体验空间，仰望如同走进了埃舍尔的矛盾空间之中，身体在空间中多次反射，意识也游离于有限与无限之中。

C 空间布局 Space Planning

首层面积有限和地下空间比较封闭，所以设计在入口处打通了楼板，使自然光直接照亮地下空间。同时设计的大台阶可以把人流引入地下空间，也可兼做报告厅使用，中央的核心是由拱和镜子构成。

D 设计选材 Materials & Cost Effectiveness

以拱的设计形态，加之镜子材料的使用，使空间变成多维度体验空间。

E 使用效果 Fidelity to Client

看与被看成为人与空间最深的意味，如同艺术与生活一样，人游走于画境同时也游走于自己的内心。

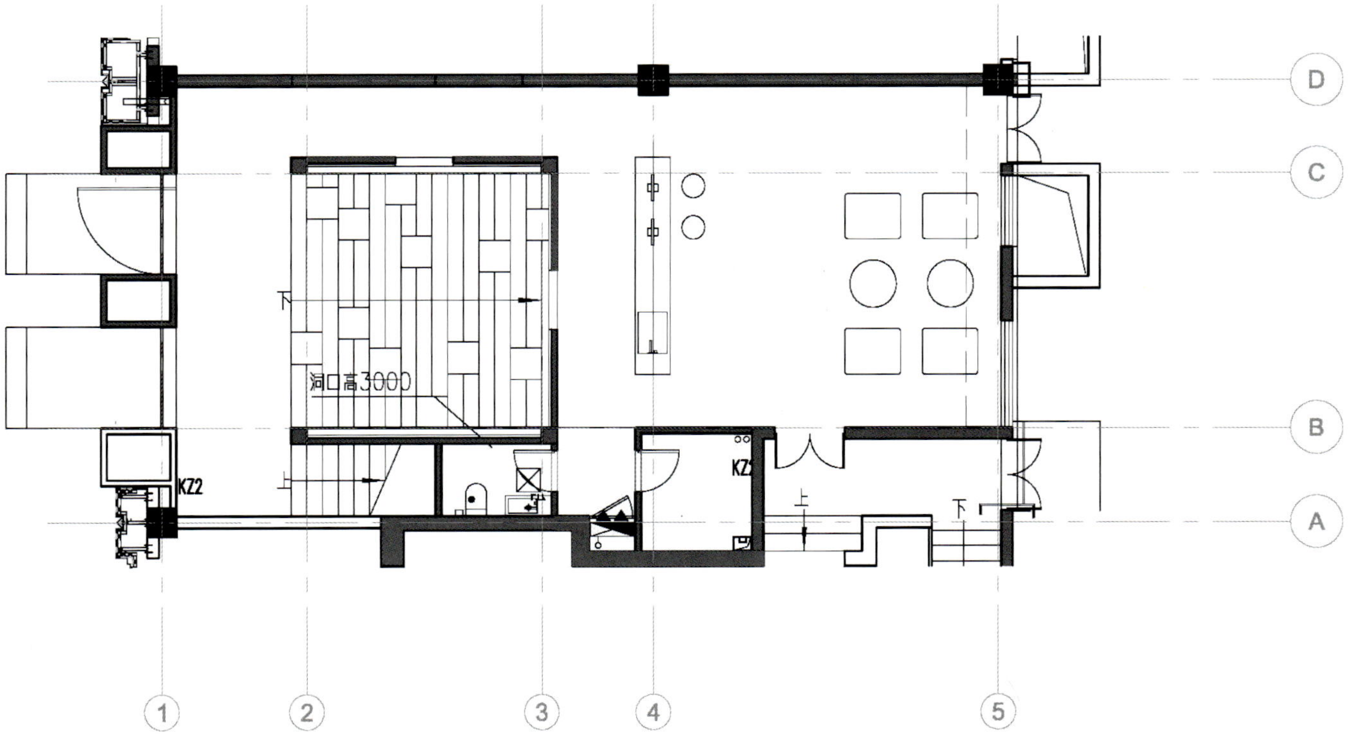

一层平面图

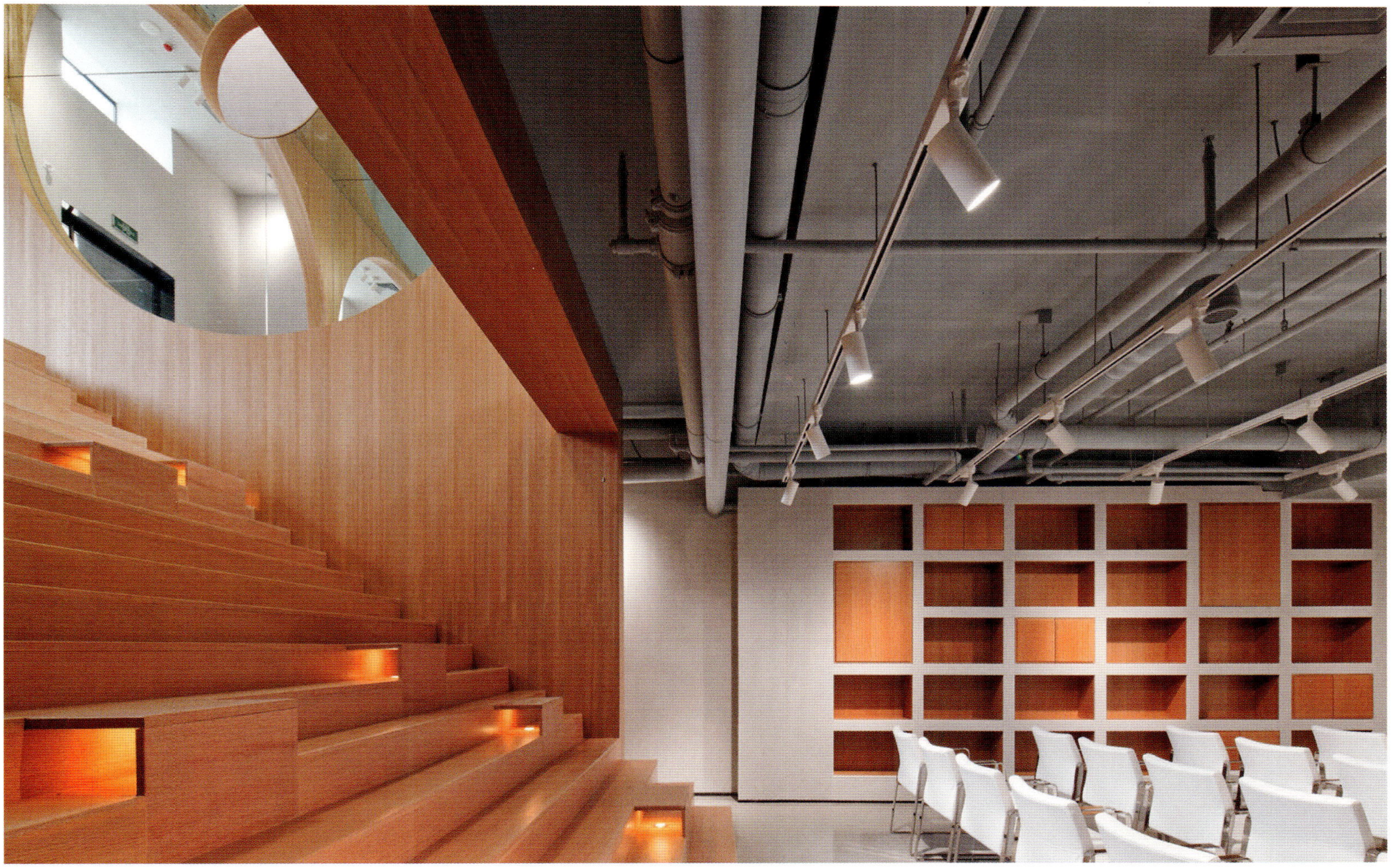

简璞设计办公室

JANE PU DESIGN OFFICE

项目名称 _ *简璞设计办公室* / **主案设计** _ *文超* / **项目地点** _ *四川省泸州市* / **项目面积** _ *150 平方米* / **投资金额** _ *30 万元* / **主要材料** _ *镜子*

A 项目定位 Design Proposition

作为泸州地区唯一的一家专业室内设计公司，我们希望通过办公空间的营造，让受众了解到设计真的意义与价值，设计，不是一味的材质堆砌。同时，此办公室的空间风格呈现，也正在不断影响着泸州地区的室内设计走向。

B 环境风格 Creativity & Aesthetics

我们抛弃了传统的办公室布局形式，集中的办公区域便于设计工作者的交流跟衔接。开放的吧台、茶室也让整个空间更轻松舒适。同时在个人办公区及会议室引入绿植的陈设，也让整个空间更为清新自然。

C 空间布局 Space Planning

因建筑空间原本为扇形结构，所以，在空间的再分割与利用上，我们花了很大的功夫，就目前而言，利用率几乎 100%，且通过重新分割后，各空间更显规整、独立，完全摆脱了扇形的束缚。

D 设计选材 Materials & Cost Effectiveness

本案例所有用料均为基础材质，即最普通的装饰材料，我们希望通过该案例展示给我们的受众，设计是可以创造出更高的价值的，而并非一味的材质堆砌。水泥、白乳胶漆、原木、碳钢，均有它的温度。

E 使用效果 Fidelity to Client

至办公室实际投入使用后，工作室成员工作积极性明显提高，办公效率也有明显提升，客户到公司也能更加清晰地感受到一家设计公司该有的精神状态。同时，因为它的呈现，我们也正在引领着该地区广大受众对于设计的认知，正在往着正确的方向迈进。设计创造价值。

Jade Sim Ple
Design

Jade Sim Ple
Design

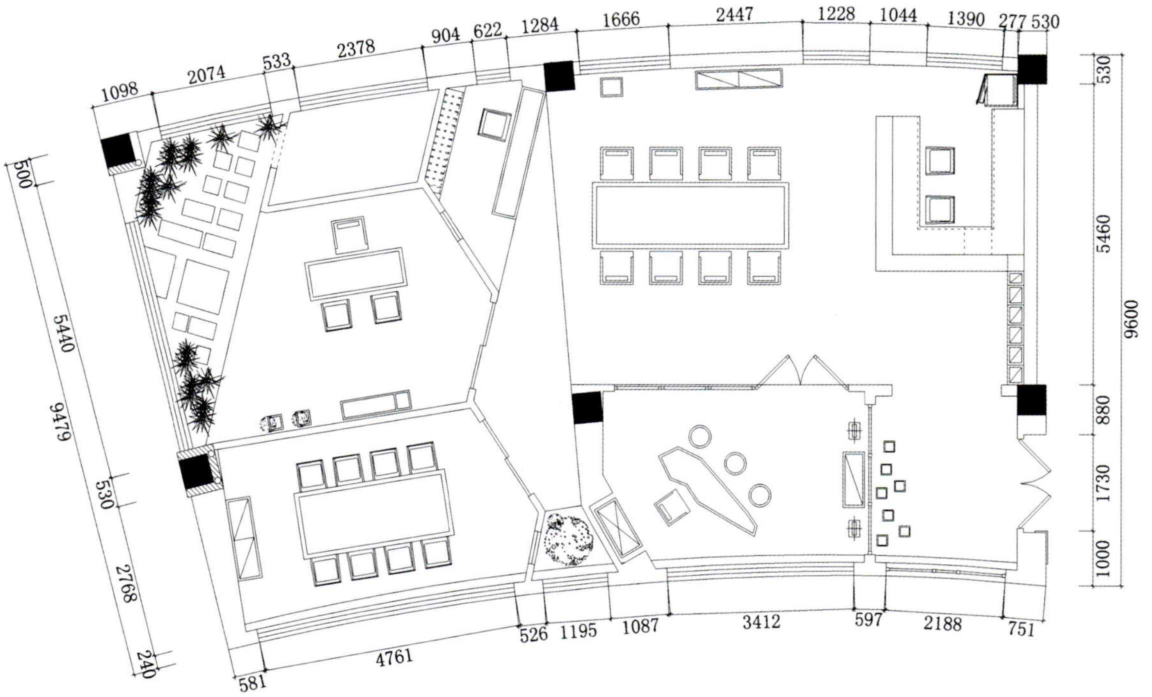
1098
2074
533
2378
904
622
1284
1666
2447
1228
1044
1390
277
530
500
5440
9479
530
2768
240
530
5460
9600
880
1730
1000
581
4761
526
1195
1087
3412
597
2188
751

平面布置图

阅读

阅读

简璞

容子木创意空间环境设计—从自然而来

ROSEMOO CREATIVE SPACE ENVIRONMENT DESIGN - COMES FROM NATURE

项目名称 _ *容子木创意空间环境设计——从自然而来* / **主案设计** _ *崔树* / **项目地点** _ *北京市朝阳区* / **项目面积** _ *3800 平方米* / **投资金额** _ *440 万元* / **主要材料** _ *竹子*

A 项目定位 Design Proposition

ROSEMOO 创意空间环境设计在这简约包容的表象背后，倡导着爱自然、爱自由的生活方式，并演绎着心灵故事。

B 环境风格 Creativity & Aesthetics

整个设计里面有很多我们对当下环境的一种思考，ROSEMOO 一直是崇尚自然的，这也是我们“寸”设计开启构思的源流。我们的设计由此入手，打破常规的门，创造出一个个独立却又相互穿插的盒子，这一设计的核心就是“分享”，旨在为今天的工作场所提供一个具有针对性的办公平台解决方案。

C 空间布局 Space Planning

两层楼、3000 平方米，这里我们划分出了功能临界点，一层的男装设计部、女装设计部及童装设计部靠一条狭长的走廊规划到一侧，并分别以优雅、沉稳、活泼的表现手法加以诠释，展现出不同的空间个性。入口侧的位置，有一个变向 45 度的咖啡厅，其中竹子是唯一的装饰元素，搭配木质餐桌椅。从设计部到工区要通过一条 15 米的走廊，狭长且满是朦胧的光亮。走廊的尽头是 ROSEMOO 的童装式样区，鲜艳的橱窗展示颇具妙趣，但在其身后更是别有洞天，橱窗背后悬挂的墙片处才是真正的入口。从这个工区进来时，既体验到孩童时期的氛围，实际上也是他的办公室。 在楼梯处有三个去往不同区域的入口，我们靠对地平线的处理把一楼、二楼分割开来。在二层，纯白是唯一的设计语言，各行政部门以盒子为造型嵌入整体，理性地各司其职。

D 设计选材 Materials & Cost Effectiveness

空间中我们用竹子做了些体块儿，拿竹子让他形成小的咖啡区域，员工可以在这里聚餐与交流，离开咖啡厅，竹片继续延伸，绕过前厅转而奔向楼梯，在二楼入口处戛然而止，之外就再也没有竹子的元素了。

E 使用效果 Fidelity to Client

好的设计应该不止是美，它更应该是美好。看上去很安静，使用者很舒服，感受上去很美。

ROSEMOO

设计部
Design Department
ROSEMOO

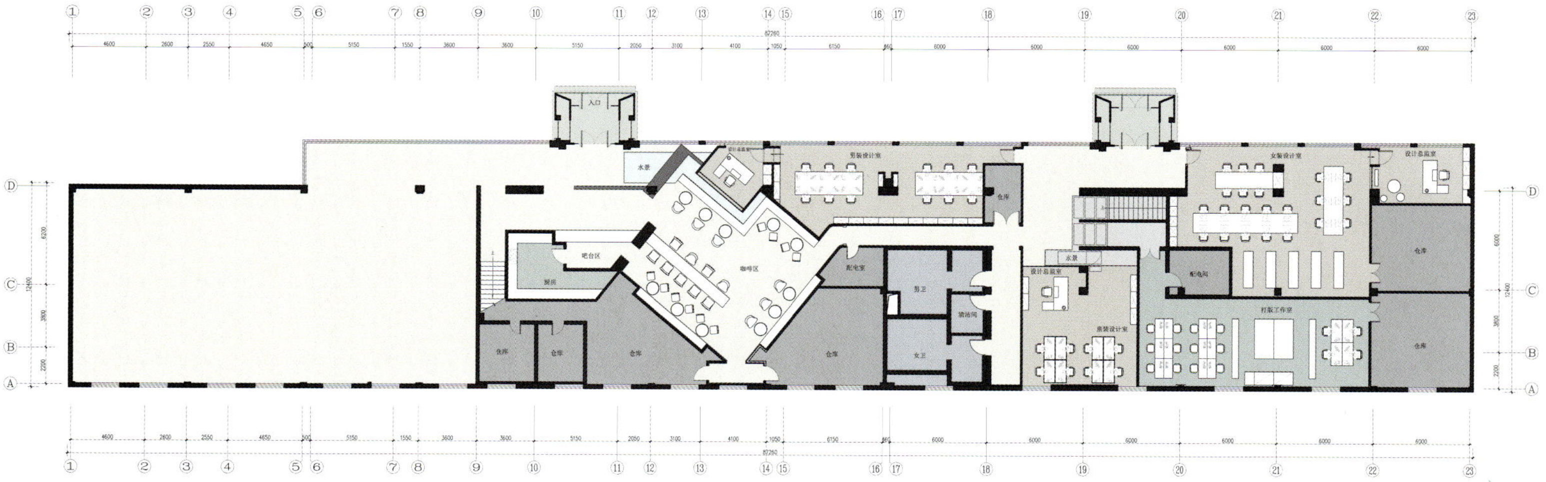

一层平面图

ROSEMOO
ROSEMOO

IT'S
THAT
DONE
IMPOSSIBLE ISN'T
SOMETHING THAT
AN'T BE DONE.

IMPOSSIBLE ISN'T
SOMETHING THAT
AN'T BE DONE

男装事业部
Business Division
SPACE
TO

IT'S JUST
THAT HASN
DONE BEFO
CAN'T BE DONE.

SPACE
TO
CREATE

ROSEMOO
SPACE
TO
CREATE

ROSEMOO
ROSEMOO

Q.imoo
Child Mate

北京世界城 FUNWORK
BEIJING FUNWORK

项目名称 _ *北京世界城 FUNWORK* / **主案设计** _ *廖建锋* / **参与设计** _ *谢圣海、钟江晓、陈文良、陈祖川* / **项目地点** _ *北京市朝阳区* / **项目面积** _ *5300 平方米* / **投资金额** _ *1500 万元* / **主要材料** _ *橡木原木板、地毯、地塑等*

A 项目定位 Design Proposition

颠覆 80、90 后封闭、无趣、压抑的工作方式，打造全国最大的创业、办公生态社群的概念，在北京的钢铁丛林中，一个自然生态的办公氧吧就此诞生。

B 环境风格 Creativity & Aesthetics

改变了旧的办公模式，为创业者创建一个完整的服务型社区，提供更多的配套服务，提供更大的交流平台与信息。摆脱传统封闭办公空间的束缚，追求人与自然、空间的完美融合。

C 空间布局 Space Planning

考虑创业者的特殊性，在功能及心灵上的需求有所不同，我们需做出真正切合客群需求的产品而不是简单的生搬硬套。我们用了大面积来作为公共空间，打通人与人之间的隔阂，让入驻团队可以跟不同的人群做一些思想上的交流和碰撞。例如我们的创业树、根据客户使用需求而研发的办公桌、数学上“∞”的头脑风暴区，代表着无限的机遇，寓意着入驻企业在此的无限商机和无限发展、阅读区的蜂窝墙、类似小房子的可移动的单人卡位区等等，还植入了滑滑梯、秋千椅、书吧、咖啡吧、按摩室、娱乐区等休闲功能大量融入办公空间当中，休闲和工作的界限不再是泾渭分明，而是相互融合彼此包容，打破以往中规中矩的束缚，以一种更具跳跃性的形式呈现。

D 设计选材 Materials & Cost Effectiveness

为了给客群最好的品质感受，对比同行只是简单的喷绘及简易的材质，我们在材质的使用上追求本质上的感受。在设计过程中力求还原最真实的色彩，找寻符合 FUNWORK 空间性情的材料。做到物尽其用，将自然纯朴的质感与触感融入空间中。

E 使用效果 Fidelity to Client

不同于常规办公室压抑的办公环境，在这个空间内，可以穿拖鞋，可以打台球，也能在工作的同时认识许多新伙伴，这对许多 90 后创业者来说是非常重要的。

FUNWO

一层平面图

MONA LISA

二层平面图

竞园 22 号楼改造
PARK 22 BUILDING RENOVATION

项目名称 _竞园 22 号楼改造 / **主案设计** _程艳春 / **项目地点** _北京市朝阳区 / **项目面积** _600 平方米 / **投资金额** _200 万元

A 项目定位 Design Proposition

建筑师利用了互联网式思维和体验式空间的共通之处，以空间趣味性和灵活性为出发点，通过家具隔断及光线控制创造出具有多重办公可能性、充满互动的叙事空间。

B 环境风格 Creativity & Aesthetics

这个项目中，建筑师除了要为 100 余人创造丰富的组合式办公空间，另一项挑战就是对自然光线的重新调整。

C 空间布局 Space Planning

整个方案的本初概念是在占地面积 330 平方米的仓库里建立一个全新的空间秩序。植入了钢结构夹层的竞园 22 号楼共有 2 层，每层平面交通均成回字形。中庭不仅构成了整栋房子的视觉中心，其下方的大型会议区和投影墙同时也成为了功能中心，是公司集会和娱乐的主要场所。围绕中心生成的办公空间具有很大的开放性，保证员工之间能够随时进行无障碍交流。非线性办公场景的剪辑通过建筑师的设计最终由使用者自由呈现出来。与此同时，这些也都是能随着团队成长而不断发展的空间，当固定工位不够时也可以保证新增员工的正常工作。 改造过后的主入口是一个盒式暗空间，除具门和雨棚的功能外还安装有悬挂自行车的装置。这个黑盒子与室内的主楼梯紧密联系并形成了一条主要交通动线。次入口位于建筑物西侧，与大阶梯相连，是员工进出的辅助线路。

D 设计选材 Materials & Cost Effectiveness

西立面上，新砌成的半透明玻璃砖墙代替了旧有的红砖，在避免产生西晒的同时为 22 号楼西侧公共空间提供了柔和、舒适的光线。出于对成本的控制，建筑师安装了百叶窗以方便使用者随时调整室内进光量，夏天关上百叶窗还能起到一定的隔热效果。

E 使用效果 Fidelity to Client

每天早晨，员工都会穿过象征着模式转换的暗盒子，然后在满洒晨光的办公楼里找到属于自己的那一幕叙事场景，开启崭新的一天。

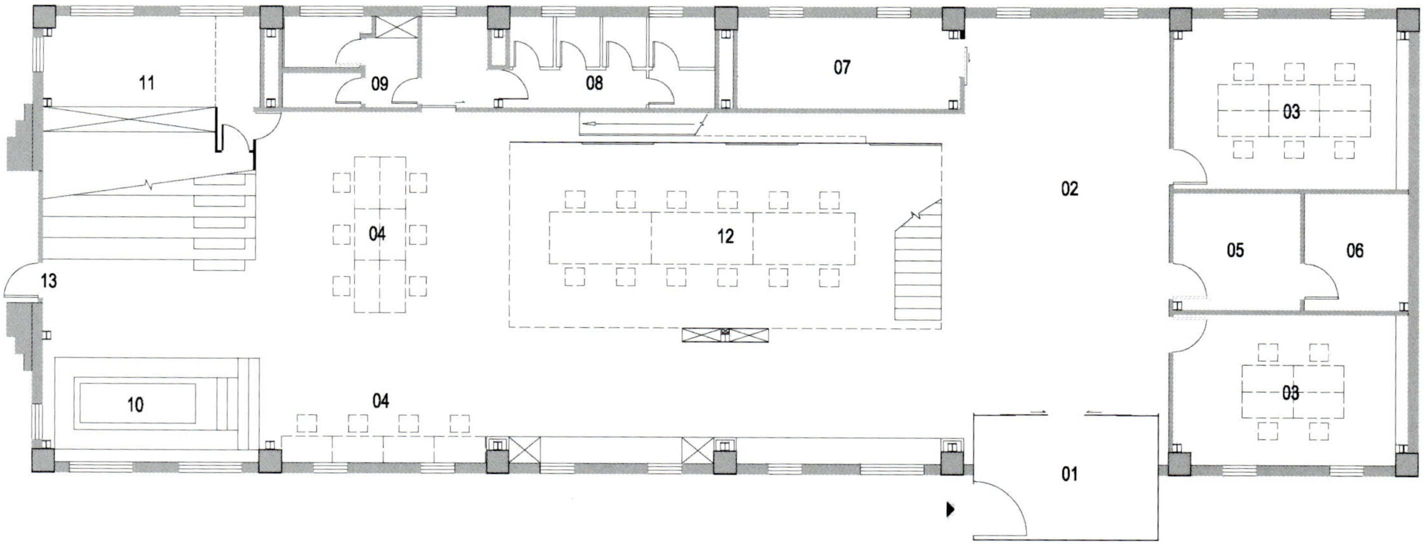

一层平面图